科学帮帮忙

EXPÉRIENCES

滚动的乐趣

[法]戴尔芬·葛林堡/著

[法]约克·默尔/绘

陈妍如/译

99千克

天津出版传媒集团

新蕾出版社

绿色印刷　保护环境　爱护健康

亲爱的读者朋友：

　　本书已入选"北京市绿色印刷工程——优秀出版物绿色印刷示范项目"。它采用绿色印刷标准印制，在封底印有"绿色印刷产品"标志。

　　按照国家环境标准（HJ2503-2011）《环境标志产品技术要求　印刷　第一部分：平版印刷》，本书选用环保型纸张、油墨、胶水等原辅材料，生产过程注重节能减排，印刷产品符合人体健康要求。

　　选择绿色印刷图书，畅享环保健康阅读！

北京市绿色印刷工程

图书在版编目（CIP）数据

滚动的乐趣 / (法) 葛林堡著 ; (法) 默尔绘 ; 陈妍如译. -- 天津 : 新蕾出版社, 2016.8
（科学帮帮忙）
ISBN 978-7-5307-6331-5

Ⅰ.①滚… Ⅱ.①葛… ②默… ③陈… Ⅲ.①力学-少儿读物 Ⅳ.①O3-49

中国版本图书馆 CIP 数据核字(2015)第 292085 号

Édition originale: EXPERIENCES POUR ROULER
Copyright 2005 by Editions Nathan / Cité des Sciences et de l'Industrie, Paris-France
Simplified Chinese Translation Copyright ⓒ 2016 by New Buds Publishing House (Tianjin) Limited Company
ALL RIGHTS RESERVED
津图登字：02-2014-355

出版发行　天津出版传媒集团
　　　　　新蕾出版社
e-mail:newbuds@public.tpt.tj.cn
http://www.newbuds.cn
地　　址：天津市和平区西康路 35 号(300051)
出 版 人：马梅
电　　话：总编办(022)23332422
　　　　　发行部(022)23332679　23332677
传　　真：(022)23332422
经　　销：全国新华书店
印　　刷：北京盛通印刷股份有限公司
开　　本：880mm×1230mm　1/20
印　　张：2
版　　次：2016 年 8 月第 1 版　2016 年 8 月第 1 次印刷
定　　价：20.00 元

著作权所有·请勿擅用本书制作各类出版物·违者必究，如发现印、装质量问题，影响阅读，请与本社发行部联系调换。
地址：天津市和平区西康路 35 号
电话:(022)23332677　邮编:300051

目 录

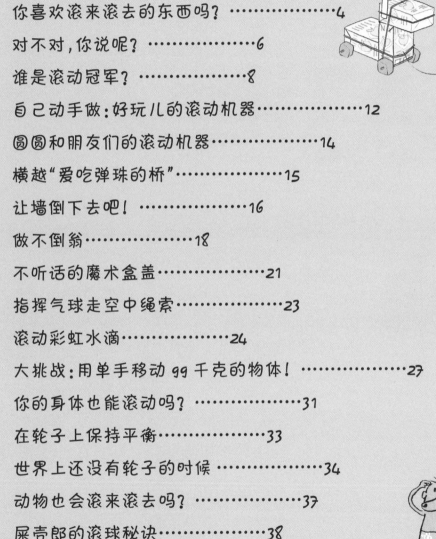

你喜欢滚来滚去的东西吗？

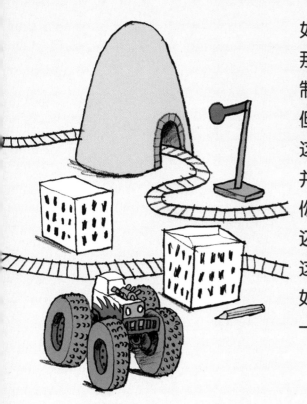

如果你的答案是"喜欢！"，
那这本书就是为你设计的。
制作会滚动的机器是一件非常令人着迷的事情，
但有时候并不容易成功。
这本书会邀你一同做实验，
并动手创造一些小东西，
你不仅可以学到如何让这些小物件滚得更顺利，
还可以玩很多滚动游戏。
这些实验简单又好玩儿，
如果和爸妈或朋友一起做，
一定会更有趣！

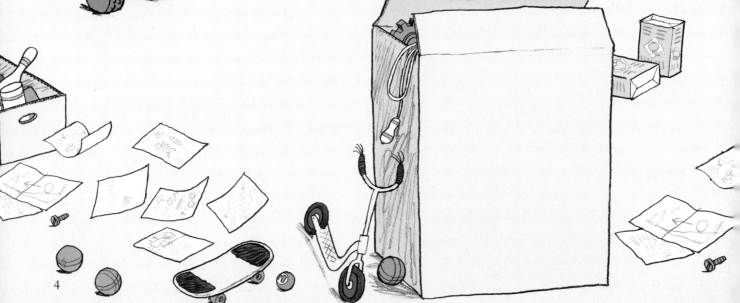

圆圆的惨痛经历

这位是圆圆,她最喜欢尝试新实验,她的建议可以帮助你成功哟!

我可是翻跟头女王!

1. 如果不能一下子就成功,我会很生气。

不要气馁!多试几次,你就会越来越接近成功。

2. 我什么都想自己来。

请大人帮忙做可能有危险的事,譬如剪东西、钻东西等。

3. 我留下一堆乱七八糟的东西。

圆圆!你这孩子,我快被你的实验烦死了!

如果每次做完实验都能把东西整理好,爸爸妈妈会更喜欢你做实验哟!

4. 我的爸爸妈妈不喜欢我拿走他们的东西。

是谁把牛奶瓶的盖子拿走的?

准备一个宝物袋,把你搜集的空瓶放在里面,以后做实验就可以派上用场了。

对不对，你说呢？

1. 色子比榛子容易滚动。
√ ×

2. 滚动和旋转是一样的。
√ ×

3. 物体越圆越容易滚动。
√ ×

4. 最早的自行车没有脚踏板。
√ ×

5. 在静止不动的自行车上保持平衡很容易。
√ ×

6. 我们可以把巨石放在一排木棍上，这样就可以轻松地移动巨石了。
√ ×

7. 小水滴也可以滚动。
√ ×

8. 轮子是人类发明的。
√ ×

9. 小刺猬会蜷成球状来保护自己。
√ ×

答对 0～5 道题

没关系，这些问题不简单，有些连大人也不会呢。做完书中的实验后，你就可以找到答案了。

数数看答对几道题？

（答案请见本页。）

答对 6~9 道题

太厉害啦！
你真令人刮目相看！

1.× 2.√ 3.√ 4.√ 5.× 6.√ 7.√ 8.√ 9.√

答案 P.6~7

谁是滚动冠军?

哪些物体能够顺利滚完全程呢?
制作滑行道来完成以下实验,
并将结果记录在实验报告中。

你需要:

制作滑行道的材料:

·6 张厚纸板

·1 个圆形盒盖
(开口不要太小)

·4 盒未开封的
纸包装饮料

·胶带

用来测试的物体:

·弹珠

·核桃

·色子

·橡皮擦

·榛子或是栗子

·乒乓球

·很圆的黏土

·不太圆的黏土

·扁扁的黏土

来玩玩看吧！

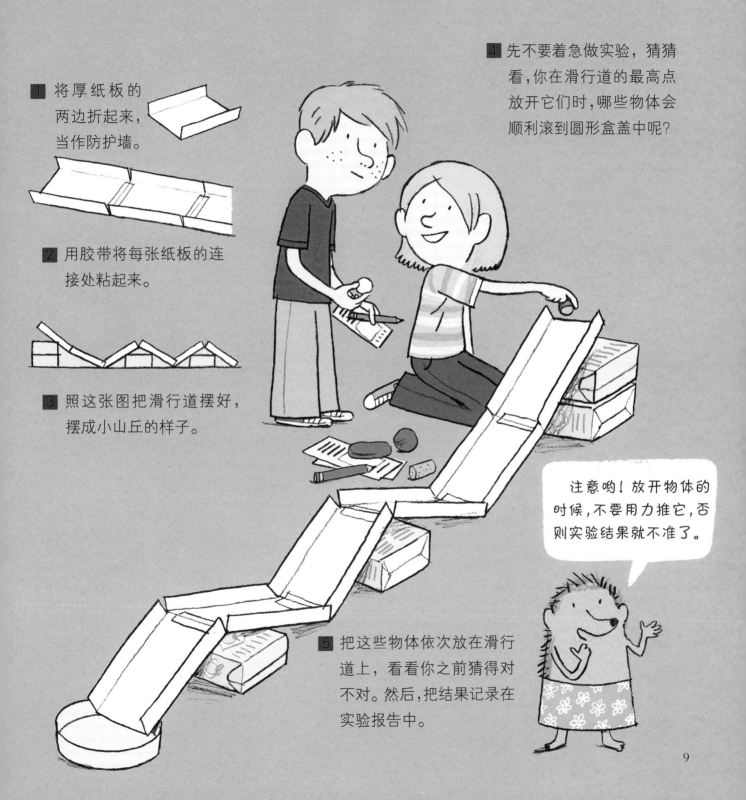

1 将厚纸板的两边折起来，当作防护墙。

2 用胶带将每张纸板的连接处粘起来。

3 照这张图把滑行道摆好，摆成小山丘的样子。

4 先不要着急做实验，猜猜看，你在滑行道的最高点放开它们时，哪些物体会顺利滚到圆形盒盖中呢？

5 把这些物体依次放在滑行道上，看看你之前猜得对不对。然后，把结果记录在实验报告中。

注意哟！放开物体的时候，不要用力推它，否则实验结果就不准了。

实验报告 1：很会滚动的物体

在这九种物体中，哪些能顺利滚完全程，并最终落到圆形盒盖中？

仔细观察，并把它们画下来。

物体 1	
物体 2	
物体 3	

这些物体有没有相似的地方？

你还知道有哪些东西很会滚动吗？

把它们画下来或写下来。

实验报告 2：可以滚动的物体

在这九种物体中，哪些是因为碰撞到滑行道而没有顺利通过"小山丘"？

仔细观察，并把它们画下来。

物体 1	
物体 2	
物体 3	

这些物体有没有相似的地方？

你还知道有哪些东西可以滚动吗？

把它们画下来或写下来。

实验报告 3：不会滚动的物体

在这九种物体中，哪些完全不会滚动，或者只能滑动？

仔细观察，并把它们画下来。

物体 1	
物体 2	
物体 3	

这些物体有没有相似的地方？

你还知道有哪些东西不会滚动？

把它们画下来或写下来。

结论分析：在斜坡上滚动的秘密

物体越圆，滚得越远。

弹珠滚得比榛子好，因为它是圆的；榛子的形状不规则，所以会跌跌撞撞。圆柱状的物体如果横着放，也可以滚得很顺利，但如果竖着放，它就可能只滑一下，或者完全静止不动。

物体越重，滚动的能量越大。

我们很难去移动静止不动的重物。但是，一旦它们处于运动状态，我们又很难让它停下来。它甚至可以把在行进路线上的其他物体推倒。

出发点越高，滚动的能量越大。

同一种物体，如果把出发点升高，物体就可以滚得更远。

自己动手做：好玩儿的滚动机器

一起来学习如何制作会滚动的机器吧！
这样，你就可以自己创造大卡车、机器狗
和各式各样好玩儿的玩具了！

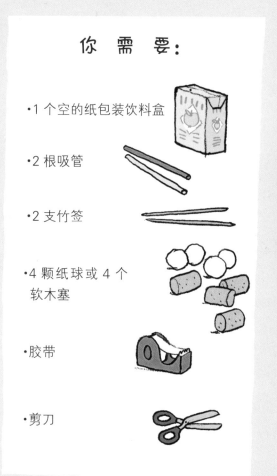

你 需 要：

- 1 个空的纸包装饮料盒

- 2 根吸管

- 2 支竹签

- 4 颗纸球或 4 个
软木塞

- 胶带

- 剪刀

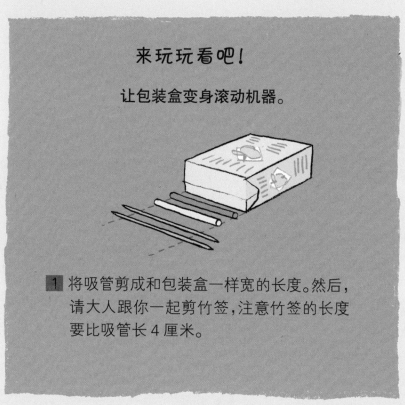

来玩玩看吧！

让包装盒变身滚动机器。

1 将吸管剪成和包装盒一样宽的长度。然后，
请大人跟你一起剪竹签，注意竹签的长度
要比吸管长 4 厘米。

2 把吸管粘在包装盒上。然后，把竹签穿入吸管内。最后，把纸球插在竹签的两端当作轮胎。

3 把包装盒翻过来，让它滚滚看。

现在，你已经知道怎么制作会滚动的机器了！
像圆圆一样，用自己的方式发明一些新机器吧！
还可以利用空瓶子、瓶盖、橡皮泥和橡皮筋等东西哟！

实验中吸管的作用是什么？

它既不是用来喝东西的，也不是用来把包装盒吹得鼓鼓的。你可以一边试着做辆不用吸管的小汽车，一边猜猜它的用途。你想到了吗？

你猜对了吗？

吸管的作用是为了减少摩擦。没有吸管，竹签就会常常摩擦到包装盒，如此一来，车子就会跑得比较慢，甚至完全不动。

在你家里，说不定也有一些物件运用了类似的原理。

自行车脚踏板

擀面杖

圆圆和朋友们的滚动机器

横越"爱吃弹珠的桥"

你能让弹珠成功滚过两把椅子中间的"大桥"吗?

来玩玩看吧!

建造一座会吃弹珠的"桥"

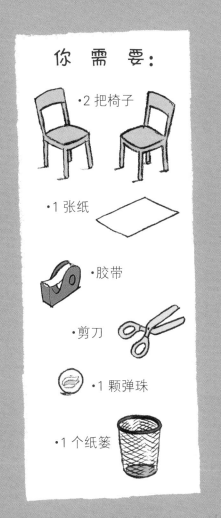

你需要:

- 2 把椅子
- 1 张纸
- 胶带
- 剪刀
- 1 颗弹珠
- 1 个纸篓

1 在纸的中央剪出一个小洞。然后,把纸两边折起来,当作防护墙。

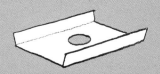

2 把折好的纸用胶带粘在椅子上。然后,把纸篓放在洞的下方。

3 小弹珠能够不掉进洞里且顺利过"桥"吗? 轻轻地倾斜椅子来滚动小弹珠,你能让小弹珠成功滚到对面去吗?

你需要：

·1 个 500 毫升的空塑料瓶

·6 个未开封的纸包装盒

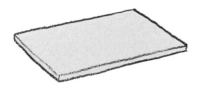

·1 个长 60 厘米、宽 30 厘米的木板或硬纸板

·可以放进塑料瓶内的东西

让墙倒下去吧！

要在小塑料瓶里放什么东西，
才能让它有足够力气推倒用六块"砖头"
堆起来的围墙呢？

来玩玩看吧！

1 设置斜坡和围墙

把木板的一端放在一摞书上。然后，用纸包装盒在木板下方堆成一堵围墙。

2 试着在斜坡上方放开塑料瓶，看它能不能把围墙推倒。
注意：不可以扔过去，也不能推它，只能轻轻地把它从斜坡顶端放开。

让塑料瓶更有冲劲的秘诀

滚塑料瓶之前,要记得把瓶盖拧紧哟！

如果你把塑料瓶装满水、沙子或石头，它就可以轻轻松松推倒围墙了。因为塑料瓶越重，它的能量就越多，也就更有力气撞倒墙了。

做不倒翁

动手做个好玩儿的不倒翁,让它表演有趣的特技吧!

你需要:

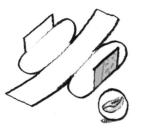

· 弹珠及不倒翁纸片

· 胶带

· 用来做斜坡的 1 本
大书或 1 块木板

来玩玩看吧!

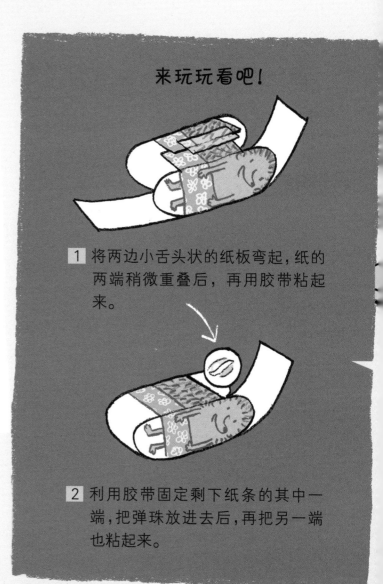

1 将两边小舌头状的纸板弯起,纸的
两端稍微重叠后,再用胶带粘起
来。

2 利用胶带固定剩下纸条的其中一
端,把弹珠放进去后,再把另一端
也粘起来。

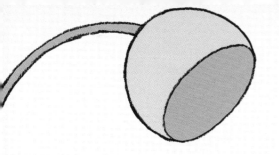

试着让圆圆翻跟头吧!

让我连续
翻跟头!

让我在托
盘上跳跳舞!

我敢打赌,你没办法
让我自己站着不动!

圆圆会表演特技的原因

那是因为弹珠相对于不倒翁的外壳较重的关系。虽然你看不到，可是弹珠会在不倒翁的内部滚动，还会让不倒翁摇摇晃晃。不倒翁一旦失去平衡，就会利用圆弧形的身体滚动。

可以利用藏起来的重量来制造其他会翻跟头的玩具哟！

蛋形不倒翁

疯狂气球

塑料玩具蛋

弹珠

橡皮泥

它会到处乱跑哟！

如果我们推它一下，它就会自己晃来晃去，直到平衡为止。

不听话的魔术盒盖

如果你把圆形的盒盖放在斜坡上，它就会自己往下滚。
不过，如果你把它改造一下，那就可以拿来变魔术啦！

你需要：

- 1 个很轻的圆形盒盖，直径约 10 厘米（开口不要太小）

- 2 颗弹珠

- 胶带

- 1 本 2 厘米厚的平装书

- 1 本大大的图画书

来玩玩看吧！

秘密准备工作

1 把两颗弹珠都粘在盒盖内侧。

2 把两本书架成缓缓的斜坡，将盒盖放在斜坡的中段。让盒盖内的弹珠朝向高处，然后放开。让盒盖往上滚滚看，是不是有时候会行不通？每次滚动前，请你仔细观察弹珠的位置。

魔术戏法

练习好了吗? 变个戏法给爸爸妈妈和朋友看吧!

阿帱卡达帱,
神奇的盒盖呀,
爬呀爬呀往上
爬!

揭开魔术的秘密

盒盖受到弹珠重量的牵引,所以会往上滚,不过,当弹珠滚到盒盖下方时,就会停止向上滚动了。

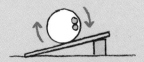

如果要让盒盖往上滚,
必须具备以下条件:

- 盒盖必须很轻巧。
- 弹珠必须在盒盖的上方,朝着上坡的方向。
- 斜坡不能太陡。

指挥气球走空中绳索

试着用细绳帮助这个气球表演特技，
你能够让它成功地滚进水桶里吗？

你需要：

· 1 个又大又轻的气球

· 2 条长约 1.5 米
的细绳

· 1 摞书 或 1 个有
耐心、愿意坐在
椅子上的人

· 1 个水桶

· 1 把椅子

来玩玩看吧！

1 将细绳绑在椅子上。然
后，把水桶放在靠近椅
子的地方。

嘿嘿，如果
你掉下来，就
会被我抓到！

2 把绳索拉紧。然后，请人帮你把气
球放在绳子上。通过移动细绳慢
慢让气球滚动。最后，掉进水桶
里。

23

滚动彩虹水滴

试着创造颗"胖"水滴，把沿途的色彩通通都吸光吧！

你需要：

- 一些水

- 1 支铅笔

- 剪刀

- 1 个蛋糕模具（或深一点儿的盘子）

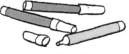

- 烤盘纸

- 彩色笔

- 2 个晒衣夹

来玩玩看吧！

准备一座"桥"：

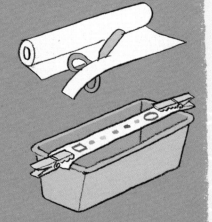

1 备好一条宽度为 3 厘米的烤盘纸。

2 先用彩色笔画一个正方形。然后，用各种不同的颜色涂一排小圆点。

3 把纸条用晒衣夹固定在蛋糕模具上。

制造一颗"胖"水滴：

4 把铅笔浸到水里蘸取一滴水。然后，小心地将水滴放在正方形的框中。

5 相同的动作重复几次，直到小水滴变"胖"为止。

吸"色"大法开始！

6 慢慢倾斜蛋糕模具，让水滴流动。注意：水滴必须一边"过桥"，一边把"桥"上的颜色都吸起来。靠近一点儿观察，小水滴到底是在滚动还是在滑动？

加油！"胖"水滴，快把红色吸起来！

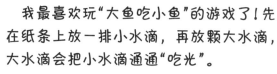

我最喜欢玩"大鱼吃小鱼"的游戏了！先在纸条上放一排小水滴，再放颗大水滴，大水滴会把小水滴通通"吃光"。

可以让小水滴在面巾纸上滚动吗？

不行哟！小水滴一下子就消失了，面巾纸也会变得湿湿的。这是因为，面巾纸像海绵一样把水吸走了，我们称这种现象为"亲水性"。

烤盘纸呢，则恰恰相反。

小水滴能在烤盘纸上滚动是因为这种纸不易吸水。小水滴遇到这种纸，会聚成球状移动哟！

小水滴是滚还是滑？

这个问题看起来很简单，其实并不容易。有很多专家研究水，就是想要了解水是怎么运动的，虽然他们还没完全揭开水的神秘面纱，不过就这个实验来说，我们已经可以回答：两者皆有。

大挑战：用单手移动 99 千克的物体！

一个小孩儿能够移动堆得像小山一样的马铃薯，

或是比自己重三倍的书吗？

如果你学圆圆那样推，

你可能会在原地滑步、满身大汗，东西却动也不动。

这是很正常的，因为小孩儿的肌肉还不够发达，力气不够，无法推动很重的物体。

即便对大人来说，这也不是件容易的事呢！

虽然如此，
你还是有办法用单手移动
99 千克的物体。

请爸爸妈妈帮忙把扫帚拆开，将扫帚柄一根根平放在地上。然后，在扫帚柄上放上一个大纸箱。

请爸爸妈妈和你一起在箱子里装进 99 千克的书或其他东西。

开始觉得手脚发软、四肢无力了！

我会把纸箱放在中间。

我跟书加起来一共是 27 千克。

在光滑的地面上做这个实验容易成功，如瓷砖或地板上。

记得把要放进纸箱里的东西用秤称一称哟！

好了吗？用单手轻轻地前后移动纸箱。

我的天哪！她居然真的移动了！

只用单手呢！

如果有更多棍子的话，可以把它们排在纸箱前面，这样一来，你就可以用古代搬运巨石的方法来搬动纸箱了。小心你的手和脚，慢慢来哟！

古代建筑金字塔的人是怎么搬运巨石的呢？

在那个时代，大卡车还没出现，如果要搬运巨石，必须动员很多人。我们推测，当时是由一些搬运工人将木棍放在石块下。然后，再由其他工人拉动绳索，借此移动沉重的石头。他们行进的速度非常缓慢，因为每次都必须把木棍从后面搬到前面重新排好后，才能前进。这种做法，原理就和你把棍子放在纸箱下是一样的。

你的身体也能滚动吗？

你的身体虽然不像球一样圆滚滚，可是，还是可以用很多
不同的方法滚动的！试试看吧！
请在空旷的场地滚动，以防撞伤自己。

如果要往前滚……

把身体弓成球状，背要圆圆
的，头要往内缩。

如果要往后滚……

你必须要把背蜷得圆圆的。
然后，手用力一撑。

如果要用肚子滚……

你必须要伸直全身，两手贴
近身体，就像棍子一样。

滚动与旋转的定义：

滚动：以转动自己的方式来移动，如球在人行道上滚动。

旋转：以一个中心点或中心轴做圆周式运动，如旋转木马。

趣味问答

1. 轮子是旋转还是滚动呢？
2. 前手翻是滚动还是旋转呢？

注意：做前手翻时，你必须把手脚伸直，助跑之后，再使劲一翻。

本页答案：
1. 轮子一方面绕其圆心旋转，一方面沿其圆形路滚动。
2. 我们一方面以滚动的方式前进，一方面以自己为中心旋转。

在轮子上保持平衡

如果你已经会骑自行车,你会觉得骑自行车很简单。
可是,刚开始的时候,要在轮子上保持平衡并不容易,
因为我们都怕会摔倒,怕骑得太快,怕把手放开……
这些都是很正常的。一旦我们克服恐惧,我们就能体会到成功的滋味。

骑自行车

刚开始,即便我们双手扶着
车把,也还是需要别人的搀扶。

转换溜冰方向

刚开始,我们不知道把身体向
前倾斜一点儿会比较容易转弯。

骑独轮车

刚开始,我们连怎么上去都不知
道,即便骑上去了,也会常常跌倒。

在球上走路

刚开始,我们需要别人扶着慢慢走。

世界上还没有轮子的时候

很长一段时间，
世界上已经有人类生存，
却没有轮子这种东西。
如果你生活在那段时期，
生活会有什么不同吗？

如果你想要旅行⋯⋯

你可能选择步行或骑马，也有可能骑骆驼⋯⋯这要看你住在哪里。如果你是古埃及法老，就会有奴隶用轿子抬着你。

如果你要搬运东西⋯⋯

你可能推或拉，或者把它扛在头上，背在背上。如果你养了一头驴，它就可以帮你运东西。

如果你在等一封信……

如果你是国王或是某个很重要的人，就会有信差马不停蹄地从一座城市跑到另一座城市帮你送信。但是，他们跑得再快，你也要很久之后才能收到。

如果你想玩游戏……

那个时代不但没有自行车，也没有滑板车、小汽车、铁环、旋转木马、气球……幸好，小朋友总是会自己发明各式各样的游戏。如果你是那个时代的人，说不定也会自己做玩具哟！

轮子是谁发明的?

轮子,是人类大约在六千多年前发明的,自然界中并没有这样的东西, 也没有任何一种动物知道怎样制造轮子。那么,发明轮子的人叫什么名字呢? 我们不知道。或许,是某个小孩儿发明了一种滚动游戏;或许,是一群人共同想出了把树干平放在地上滚动的点子⋯⋯

这或许就是轮子的祖先!

轮子是一项很重要的发明, 它不但改变了我们的生活方式,还促进了其他发明。

马车

德莱斯式自行车。

独轮推车

动物也会滚来滚去吗?

仔细观察动物的行为,你觉得它们是在滚动吗?
你会发现,这个问题并不容易回答。

猫

你看过猫玩耍的模样吗?它们又蹦又跳,还滚来滚去。有时,它们会贪玩地扑向纸团。这些游戏对它们来说非常重要,它们就是通过这些游戏来锻炼肌肉,学习捕捉猎物的技巧。

刺猬

如果我们逗一下小刺猬,它可能会发出像猪一样的叫声,或一溜烟逃跑了。不过,当刺猬很害怕时,它会把自己蜷成球状,让头、尾、手、脚都躲在尖硬的刺下。刺猬可以连续好几个小时保持这种姿势而不累。当然,有时它也会像球一样滚动!

马

马通常走或者跑,但有时它们因为生病或为了放松而用背部打滚儿。这么做可以让它们舒服一点儿。这个动作,骑士们可不怎么喜欢。

松鸭

松鸭会跑到蚂蚁窝里,用打滚儿的方式洗个"蚂蚁浴"。蚂蚁把它当作入侵的敌人,对它吐出酸性物质,而这种物质刚好可以消灭寄生在松鸭羽毛内的小虫子。

屎壳郎的滚球秘诀

在牧场或草原上，我们偶尔会看到一种奇怪的昆虫滚着一颗比自己大很多的球。它头朝下，脚朝上，一边用后脚推那个球，一边倒退。因为这种特殊姿势，它无法看到后面的路。所以，有时候它的球会因为撞到小石头而滚开，它只得跑去寻找失落的球。同样的动作重复了很多次，它还是不气馁。这种有趣的小昆虫究竟在做什么呢？

很久以前，古埃及人就注意到这种昆虫了，他们称它为圣甲虫，因为这种小虫子让他们联想到一位将太阳推上天空的神。

后来，科学家们开始研究。他们发现，

虽然圣甲虫并不能把太阳推向天空，但它所做的事情可是大有贡献！因为，它会把那些牛啊，大象啊，袋鼠啊，或是长颈鹿的粪便清理掉。如果没有它，草原就会被遍地的粪便弄得喘不过气来。因此，我们也叫它屎壳郎。

实际上，屎壳郎的种类很多，专门管大象粪便的屎壳郎对牛粪一点儿兴趣也没有。可是，屎壳郎为什么要堆粪球呢？答案是：为了筑一个小窝给它们的宝宝。

只要动物拉了一坨新鲜的粪便，屎壳郎就会连忙赶过去。为了制造一团圆滚滚的粪球，它们一边挖粪便，一边用抹刀形的脚拍打塑形。

之后，它们把粪球运走，埋起来。雌性屎壳郎会把卵产在粪球上，等卵孵化出来的时候，爸爸妈妈已经不在了。不过，屎壳郎宝宝在粪球里很安全，它们有充足的食物，足以让它们长大，破土而出。

你已经完成书中的实验了吗？

这些实验都很神奇吧？
没错，而且它们都蕴含着大道理！

这些实验让你运用了一些听起来有些复杂的基础物理定律，
譬如：重力、摩擦力、速度、惯性、动量……

99千克

当你用单手移动庞然大物时，
你将体会到人类如何运用科学技术
来增加自己的力量。

对于那些发明机器或交通工具的工程师而言，
这些原理非常重要。
而你呢，
可以利用它们创造各式各样会动的小玩具。

如果你心里有成千上万个问题，
如果你想做新的实验，
并想找出这些问题的答案，
那么，你就是小小科学家！
快来探索世界的奥秘吧！